L'ARBRE GÉNÉALOGIQUE DE L'UNIVERS.

# ÉTUDE

SUR LES

# ANALOGIES PHYSIOLOGIQUES

DE LA NATURE.

## CRYPTOGAMES CELLULAIRES

COMPARÉS A UNE NATION

PAR

T.-P. BRISSON, DE LENHARRÉE,

MEMBRE DE PLUSIEURS SOCIÉTÉS SAVANTES.

LU A LA SOCIÉTÉ D'AGRICULTURE, COMMERCE, SCIENCES ET ARTS DU DÉPARTEMENT DE LA MARNE, LE 3 JANVIER 1879.

CHEZ L'AUTEUR

RUE TITON, 33, A CHALONS-SUR MARNE.

1879.

ANALOGIES PHYSIOLOGIQUES.

L'ARBRE GÉNÉALOGIQUE DE L'UNIVERS.

# ÉTUDE

SUR LES

# ANALOGIES PHYSIOLOGIQUES

DE LA NATURE.

## CRYPTOGAMES CELLULAIRES

COMPARÉS A UNE NATION

PAR


T.-P. BRISSON, DE LENHARRÉE,

MEMBRE DE PLUSIEURS SOCIÉTÉS SAVANTES.


LU A LA SOCIÉTÉ D'AGRICULTURE, COMMERCE, SCIENCES ET ARTS DU DÉPARTEMENT DE LA MARNE, LE 3 JANVIER 1879.


CHEZ L'AUTEUR

RUE TITON, 33, A CHALONS-SUR MARNE.

—

1879.

# INTRODUCTION.

Linné, avant de commencer son immortel inventaire des trésors de la nature, se demande quel est le but suprême de l'histoire naturelle, et il se répond solennellement que c'est la glorification du Créateur.

La nature, dit Linné, est la loi immuable de Dieu, par laquelle chaque chose est ce qu'elle est, agit comme il lui est ordonné d'agir; ouvrière universelle, savante sans instruction, elle ne fait rien par saut, opère en secret, et, dans toutes ses opérations, fait ce qui est le plus utile.

Rien de vain, rien de superflu, tout sert à la nature pour accomplir ses œuvres [1].

(1) Le mot nature, d'après son étymologie, signifie ce qu'un être tient de naissance, par opposition à ce qu'il peut devoir à l'art.

La *nature*, l'*univers*, la *création* et l'*ensemble des êtres créés* sont autant de synonymes.

La nature, dit Buffon est le système des lois établies par le Créateur pour l'existence des choses et pour la succession des êtres. On peut la considérer comme une puissance immense qui embrasse tout, qui anime tout, et qui, subordonnée à celle du

Cet illustre naturaliste sépare les corps de la nature en trois grandes divisions qu'on appelle *règnes*, qui sont :

premier être, n'a commencé d'agir que par son ordre et n'agit encore que par son concours et son consentement. Cette puissance est de la puissance divine la partie qui se manifeste : c'est en même temps la cause et l'effet, le mode et la substance, le dessein et l'ouvrage. La nature est elle-même un ouvrage perpétuellement vivant, un ouvrier sans cesse actif, qui sait tout employer, qui, travaillant d'après soi-même, toujours sur le même fonds, bien loin de l'épuiser, le rend inépuisable. Le temps, l'espace et la matière sont ses moyens, l'univers son objet, le mouvement et la vie son but. Les effets de cette puissance sont les phénomènes du monde : les ressorts qu'elle emploie sont des forces vives, que l'espace et le temps ne peuvent que mesurer et limiter sans jamais les détruire ; des forces qui se balancent, qui se confondent, qui s'opposent sans pouvoir s'anéantir ; les unes pénètrent et transportent les corps ; les autres les échauffent et les animent : l'attraction et l'impulsion sont les deux principaux instruments de l'action de cette puissance sur les corps bruts ; la chaleur et les molécules organiques sont les principes actifs qu'elle met en œuvre pour la formation et le développement des êtres organisés. Avec de tels moyens, que ne peut la nature ? Elle pourrait tout, si elle pouvait anéantir et créer ; mais Dieu s'est réservé ces deux extrêmes du pouvoir : anéantir et créer sont les attributs de la Toute-Puissance : altérer, changer, détruire, développer, renouveler, produire, sont les seuls droits qu'il a voulu céder. Ministre de ses ordres irrévocables, dépositaire de ses innombrables décrets, la nature ne s'écarte jamais des lois qui lui ont été prescrites ; elle n'altère rien aux plans qui lui ont été tracés, et, dans tous ses ouvrages, elle présente le sceau de l'Eternel. Cette empreinte divine, prototype inaltérable des existences, est le modèle sur lequel elle opère ; modèle dont tous les traits sont exprimés en caractères ineffaçables et prononcés pour jamais ; modèle toujours neuf, que le nombre des moules et des copies, quelque infini qu'il soit, ne fait que renouveler. Tout a donc été créé, et rien encore ne s'est anéanti. La nature balance entre ces deux limites, sans jamais approcher ni de l'une ni de l'autre.

1° Le *règne minéral*, renfermant toutes les substances inorganiques, simples ou hétérogènes, qu'offre le globe à sa surface ou dans ses entrailles ;

2° Le *règne végétal*, auquel appartiennent toutes les plantes répandues avec une si somptueuse profusion sur la surface des îles et des continents, et jusqu'au sein des mers ;

3° Le *règne animal*, embrassant toute cette longue série de créatures vivantes, qui commence à l'Infusoire et s'élève par une harmonieuse gradation jusqu'à l'Homme, seul être ici-bas intelligent, raisonnable et moral, noble représentant du Créateur sur la terre, chef-d'œuvre de sa puissance, et pour lequel il semble que tout ce qui existe a été créé. En effet, supprimez l'homme et vous aurez supprimé le seul être capable d'apprécier l'œuvre du Tout-Puissant.

# L'ARBRE GÉNÉALOGIQUE

## DE L'UNIVERS.

Je n'adore qu'un Dieu, maître de l'univers.
Sous qui tremblent le ciel, la terre et les enfers.
(CORNEILLE.)

Ce tableau, que nous donnons sous la forme d'un arbre, nous fait voir que la série des animaux monte parallèlement à celle des végétaux, et que l'ébauche de ces deux catégories d'êtres part d'un même point. Tous ces êtres de l'univers sont unis les uns aux autres par des transitions insensibles ; il n'y a pas un atome dans le monde qui soit indépendant. Cet atome tient nécessairement à d'autres atomes, et, par ces atomes de proche en proche, à tout le reste du monde. Il nous a été donné d'entrevoir cette magnifique échelle des êtres de la création, mais non d'en fixer toutes les gradations infinies ; nous sommes seulement parvenus à en découvrir quelques-unes. De même que le groupement naturel des cellules d'un arbre, ces gradations suivent quelquefois une courbe. Cette chaîne, qui lie toutes

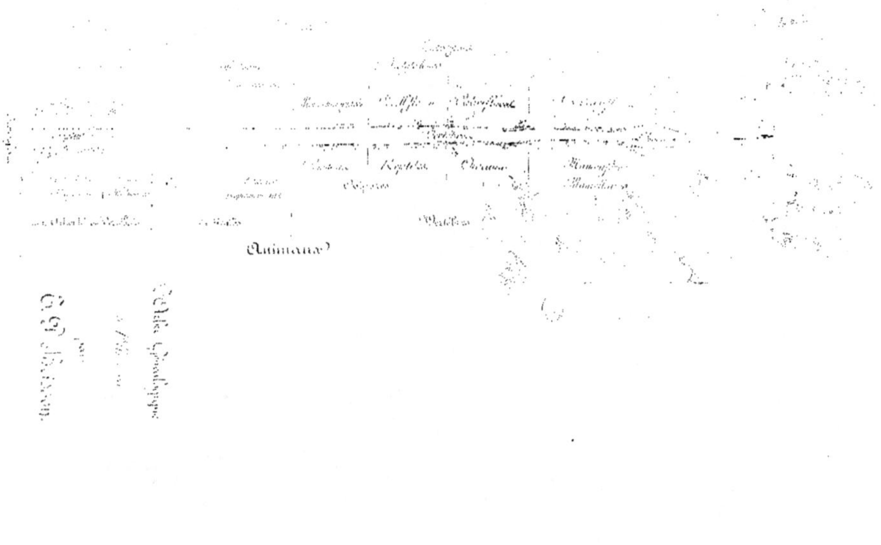

Animaux

les parties de la nature, peut donc éprouver les contournements et les entrelacements les plus compliqués et les plus multipliés, sans que la loi de continuité soit en aucune manière violée.

Dans cette œuvre du Tout-Puissant, depuis l'être le plus inférieur jusqu'au plus élevé, il y a des ramifications comparables à celles que produit l'arbre par ses branches. Les champignons ont une de leurs ramifications (*Ascomycètes*) qui côtoie les algues et s'élève jusqu'aux lichens.

Tout est donc systématique dans la nature ; tout y est combinaison, rapport et liaison ; un seul être manquerait dans cet enchaînement universel qu'il n'y aurait plus d'harmonie. Cela nous démontre que la classification naturelle des êtres créés est de commencer par les plus simples pour finir par les plus complets (1).

(1) Ce serait peut-être ici le lieu de dire un mot des hypothèses matérialistes sur l'origine des êtres organisés, si elles ne se détruisaient pas l'une par l'autre.

Il faut le reconnaître aujourd'hui, le transformisme a fait son temps, le Darwinisme a succombé sous les coups du vitalisme qui lui-même est entrain de se mourir.

Le grand défaut de ces hypothèses est de manquer de base vraiment scientifique, d'être opposées aux données de l'observation.

Vacherot déclare (*la Vie et la Matière*, décembre 1878) que l'immutabilité des espèces est incontestable ; il subsiste entre l'homme et le singe, dit-il une ligne de démarcation nettement tranchée.

Conclusion, le matérialisme est aux abois. Il faut enfin en revenir à la création à l'état parfait de chacune des espèces organisées.

# ANALOGIES PHYSIOLOGIQUES.

Linné est le premier qui ait signalé des analogies entre le règne végétal et le règne animal.

Cet auteur a comparé, dans son Tableau du règne végétal, les noces des fleurs à celles des maris et des femmes : le réceptacle et le calice, au lit conjugal, dans lequel les étamines et le pistil sont réunis comme le mari et la femme. La corolle représente les rideaux du lit nuptial, etc. (*Voy.* Lin. *Syst. sexuel.*)

Plus tard, l'an 12 de la République, les savants, éclairés par les bouleversements et les massacres de la Révolution, ont fait d'autres comparaisons, en offrant comme exemple à l'homme révolté contre Dieu, la *Vie des Plantes*. C'est probablement pour cette raison que de Candolle a dit que les désordres et les crimes de la société avaient forcé tant d'hommes à étudier la nature.

En 1850, Payer a fait aussi des comparaisons en distribuant les plantes, sur une sphère, en une sorte de mappemonde terrestre. Il appelle continents les grandes divisions du règne végétal : il divise ces continents en royaumes, que l'on appelle classes (1); ces royaumes en provinces, que l'on appelle à tort *familles*, dit l'auteur; ces provinces en départements, que l'on appelle *tribus;* et enfin les départements en communes, que l'on appelle *genres*. L'auteur ajoute que cette comparaison du globe végétal avec le globe terrestre peut se continuer jusque dans les moindres détails. (*Voy.* Payer : *Botanique cryptogamique.*)

LE RÈGNE VÉGÉTAL RÉUNI AU RÈGNE ANIMAL.

La perfection des instruments d'observation a conduit à de nouvelles découvertes analogiques entre la physiologie végétale et la physiologie animale. Aussi ces frappantes analogies nous ont-elles fait préférer la division du système de la nature en deux règnes au lieu de trois : le règne *inorganique* ou minéral et le règne *organique*, comprenant les végétaux et les animaux.

## RÈGNE ORGANIQUE.

Le règne organique réunit deux sciences qui s'appuient l'une sur l'autre et se complètent l'une par l'autre.

De cette alliance féconde naît une science plus vaste, une physiologie générale, qui nous enseigne que la vie est une et que les mêmes principes la régissent depuis ses manifestations les plus humbles jusqu'à son plus haut point d'épanouissement. Nulle transition brusque, ainsi que le disait Linné. La cellule végétale est exactement semblable à la cellule animale. Elle se développe comme celle-ci, obéit aux mêmes influences physiques, procréant en elle

(1) Payer distingue deux sortes d'êtres dans les classes : les *monotypes* et les *polytypes*.

et autour d'elle ces éternels premiers éléments où se rallume incessamment la vie. Ainsi se trouve confirmée la loi de solidarité qui relie les uns aux autres tous les êtres vivants de la création. Pour bien comprendre cette solidarité, pour la saisir dans son ensemble, c'est aux origines qu'il faut remonter et étudier la plante, qui est comme l'essai de la nature, l'ébauche de l'organisation, le véritable prodrome de la vie universelle. Toute l'existence de ces êtres différents (*végétaux et animaux*) se retrouve dans le courant de la vie.

### *Parallèle entre les organes du végétal et ceux de l'animal.*

| *Dans les végétaux.* | *Dans les animaux.* |
|---|---|
| Les racines correspondent (1)..... | aux vaisseaux lymphatiques ; |
| Les vaisseaux séveux.......... | aux conduits chylifères; |
| La chlorophylle.................. | au sang : |
| Les feuilles (2)................. | aux poumons ; |
| Les feuilles (frondes) aquatiques (3). | aux branchies des poissons ; |
| Le pollen (4)................... | au fluide prolifique ; |
| Les semences.................... | aux œufs. |

Les anthères et les stigmates produisent des mouvements qui sont faciles à observer; on les voit même se

(1) La puissance digestive des plantes est de beaucoup supérieure à celle des animaux : c'est par cette puissante fonction que les fluides absorbés se convertissent en matière sucrée, nourrissent le végétal et font acquérir à certains des dimensions colossales.

(2) Un savant physiologiste allemand, M. Sachs, nous a fait connaître qu'il y avait une analogie complète entre la respiration des plantes et celle des animaux.

(3) M. Brongniart nous a appris que l'*Algue* emprunte et restitue des gaz à l'air de l'eau, et qu'elle respire par un mode analogue à celui des poissons.

(4) Le pollen brûle avec une vive lumière lorsqu'on le projette

rapprocher à l'œil nu chez certaines espèces. Ce mariage est-il mécanique ou instinctif? Cette dernière opinion est la plus vraisemblable.

La vallisnère (*Vallisneria spiralis L.)* nous donne un exemple des plus curieux sous ce rapport. Cette plante se livre à des opérations si admirables, qu'on serait tenté de les attribuer à deux volontés distinctes ; elles sont exécutées si à propos, qu'elles semblent exiger la combinaison d'une suite d'idées, comme chez les animaux : la disposition, ainsi que le jeu des organes, sont si conformes à leurs fonctions, qu'il faudrait être aveugle pour ne point en saisir le but.

Cette plante ayant, par ses pédoncules en spirale, la faculté de s'allonger presque indéfiniment, et celle de résister aux flots et de se prêter, par sa souplesse, à tous leurs mouvements, a été destinée pour les eaux profondes des canaux et des rivières. Elle est dioïque, c'est-à-dire que les fleurs sont de deux sortes, sur des pieds différents, les unes staminaires (fleurs mâles), les autres pistillaires (fleurs femelles). Les unes et les autres naissent pêle-mêle. Les fleurs qui portent le pistil, soutenues sur des pédoncules longs d'environ deux ou trois pieds, et roulés en spirale ou tire-bouchon, se présentent à la surface de l'eau pour s'épanouir. Les fleurs qui portent les étamines, au contraire, sont renfermées plusieurs ensemble dans une spathe membraneuse portée par un pédoncule très-court. Lorsque le temps de la fécondation arrive, elles font

sur des charbons enflammés ; il contient une quantité notable d'acide phosphorique, circonstance qui établit un rapport intime entre lui et la sécrétion animale fécondante. Mais l'analogie s'offre plus étonnante encore, si l'on compare l'odeur de cette dernière sécrétion à celle qu'exhale, au moment de la fécondation, le pollen du châtaignier, de l'épine-vinette, du dattier, et peut-être de tous les végétaux.

effort contre cette spathe, la déchirent, se détachent de leur support et de la plante à laquelle elles appartiennent, et viennent s'épanouir à la surface de l'eau, où on les voit voguer en liberté. Quel est l'agent secret qui les avertit du moment favorable pour briser leurs liens ? Aucun mouvement mécanique ne peut leur être imprimé par les fleurs pistillaires, qui sont isolées et sur des pieds séparés. Il n'y a donc que les étamines qui, sur le point de répandre leur pollen, les sollicitent de se rendre à la surface de l'eau. Et, par une de ces combinaisons dont on ne peut trop admirer la sagesse qui la dirige, l'anthère est à son point de perfection au moment même où elle devient nécessaire au pistil. Lorsque la fécondation a eu lieu, les fleurs mâles se flétrissent et meurent, tandis que les fleurs femelles, par le retrait des spirales qui les supportent, redescendent au-dessous de l'eau, où leurs fruits parviennent à une parfaite maturité.

Cette plante habite le Rhône, la Garonne, etc., où elle se multiplie abondamment. Un savant botaniste, M. Roumeguère, a pu observer cette plante dans le canal, à Toulouse, pendant les 19, 20 et 21 juillet 1875 ; il a remarqué que la fleur femelle était plus développée et mieux apparente à l'œil que la fleur mâle ; le matin elle était blanche ; elle devenait fortement rosée à midi, et le soir, elle redevenait blanche, semblable à la fleur du matin.

Cette mutation de couleur n'est pas rare, puisque Linné énumère, dans sa *Philosophie botanique*, la gamme des couleurs que parcourent diverses plantes à fleurs changeantes. Ainsi les fleurs de la Ketmie variable sont d'un blanc pur le matin, se colorent en pourpre vers le milieu du jour, deviennent roses dès que le soleil n'est plus visible à l'horizon, et retournent au blanc durant la nuit, pour recommencer le lendemain.

La cause des singulières variations de couleurs dans les fleurs dites changeantes n'est pas expliquée encore.......

Illustres savants, vous confessez votre ignorance.........
En effet, c'est vous demander de soulever le voile qui couvre ce mystère; c'est vous demander l'explication de phénomènes dont le Créateur s'est réservé le secret.

NUTRITION.

La sève absorbée à l'état brut dans le sol par les racines s'élève jusqu'aux feuilles, dans lesquelles elle subit une modification profonde, une véritable élaboration, qui la fait passer à l'état de sucs nourriciers et plastiques, nommés ordinairement sève descendante (1). Cette élaboration est l'effet de deux phénomènes essentiels à la vie végétale, appelés *Respiration* et *Transpiration*.

RESPIRATION.

Les végétaux respirent par les pores (*stomates*) de leurs feuilles; l'air absorbé par celles-ci se trouve en contact avec la sève, et, dans ces mêmes cellules, s'opèrent des phénomènes semblables à ceux qui ont lieu dans les vésicules bronchiques des animaux. Cette respiration des

(1) Les racines profitent plus de la sève qu'elles puisent dans le sol après la chute des feuilles qu'à toute autre époque. Pour s'en convaincre, il suffit, en automne, d'extraire de terre deux jeunes arbres, de les replanter ensuite l'un dépourvu de feuilles, l'autre avec son feuillage; en les déplantant quelques mois plus tard, il est facile de constater le phénomène. L'arbuste replanté sans feuilles est garni d'une chevelure épaisse ou racines nouvelles; l'autre, au contraire, replanté avec ses feuilles, est non-seulement dépouillé de racines mais, de plus, il s'étiole et il meurt. Ce qui prouve que la petite quantité de sève absorbée par les racines n'a servi qu'à alimenter les feuilles. La première condition pour replanter un arbre est donc de lui retirer ses feuilles dans le cas où il en serait pourvu.

végétaux a pour résultat la décomposition de l'acide carbonique de l'air. Le parenchyme de la feuille s'approprie le carbone et exhale l'oxygène.

### TRANSPIRATION.

La transpiration a lieu chez les végétaux par les pores corticaux et principalement par les feuilles, qui sont le siège d'excrétions sensibles et insensibles.

La transpiration sensible s'offre sous diverses formes ; tantôt elle est visqueuse, comme dans le *Geranium viscosum* ; tantôt elle produit une espèce de miellat, comme celui qu'on trouve aux feuilles de frêne (*Fraxinus excelsior*), de peuplier (*Populus*.....), etc. ; d'autres fois, elle donne des matières volatiles inflammables, comme dans la fraxinelle (*Dictamnus albus*), etc.

La transpiration insensible, qui se compose presque entièrement d'eau réduite en vapeur, est très-considérable chez la plupart des végétaux. Elle s'opère si activement dans certains de ces êtres, qu'on l'aperçoit tomber sous forme de gouttelettes à l'extrémité des feuilles, ainsi que cela arrive chez le *Bananier*, le *Ravenala* et la *Nepenthes distillatoire*. Cette dernière est des plus curieuses sous ce rapport. Les feuilles de la nepenthes se terminent à leur sommet par un long filament, qui porte une sorte d'urne creuse recouverte à son sommet par une espèce d'opercule qui s'ouvre et se ferme naturellement. Cette urne se remplit d'eau (sorte de liqueur très-bonne à boire) par une véritable respiration, dont la surface de l'urne est le siége.

La transpiration des végétaux, comme chez les animaux, est très-considérable dans un temps chaud ; elle diminue dans les temps froids et devient presque nulle dans les journées pluvieuses, ainsi qu'en hiver. Une transpiration trop abondante est aussi nuisible aux végétaux qu'une transpiration trop faible; ces deux extrêmes sont un signe de maladie. L'effet de la transpiration étant de débarrasser le végétal d'un superflu d'humidité, sa suppression occasionne le plus souvent l'hydropisie et la putréfaction.

### L'AIR PURIFIÉ PAR LES VÉGÉTAUX.

Le phénomène de la purification de l'air atmosphérique par l'absorption et l'exhalation des feuilles s'explique ainsi : la feuille ayant absorbé l'acide carbonique, le décompose, retient le carbone qui sert alors à constituer le parenchyme ou partie solide du végétal, et exhale l'oxygène dans toute sa pureté. L'hydrogène puisé dans l'humidité de l'air se fixe dans les aréoles du parenchyme et se transforme en substances gommeuses, résineuses, etc. C'est cette quantité d'oxygène, continuellement exhalé, qui rend à l'air atmosphérique la qualité vitale que lui avait enlevée en partie la respiration des animaux (1).

(1) Si les feuilles et les parties vertes des végétaux purifient l'air en lui versant une certaine quantité d'oxygène, il n'en est pas de même des fleurs. Le dégagement considérable d'acide carbonique et la forte absorption d'oxygène qu'opèrent celles-ci, joints à l'influence des odeurs, rendent très-bien compte des accidents qu'elles occasionnent fréquemment dans les lieux d'habitation fermés et peu étendus, où l'on en réunit une grande quantité, et surtout si ces fleurs proviennent de plantes vénéneuses.

Les bourgeons près de s'ouvrir, ou du moins dont les feuilles ne sont pas encore tout-à-fait sorties, ne sont pas moins dangereux que les fleurs, car ils dégagent de l'acide carbonique en quantité, et, comme toujours, par une absorption correspondante et préliminaire d'oxygène.

LA SENSIBILITÉ.

Les mouvements des feuilles et des organes de la reproduction sont presque semblables aux mouvements involontaires chez les animaux et remplissent probablement les mêmes fonctions.

On refusait autrefois la sensibilité aux plantes à cause de l'absence de nerfs dans leur organisation ; mais certaines fibres qui traversent leur parenchyme ne peuvent-elles point remplir l'office des nerfs ?

Les stimulants végétaux sont internes ou externes :

1° Le pollen, les gaz et divers sucs absorbés ont des propriétés stimulantes qui se manifestent par des mouvements automatiques de la plante ;

2° Les stimulants externes sont de diverses natures et produisent directement des mouvements plus ou moins sensibles, selon l'espèce de la plante.

Les rayons du soleil agitent les grandes feuilles du sainfoin oscillant (*Hédysarum girans* L), dont les deux folioles latérales sont dans un mouvement presque continuel, et qui s'exécute par de petites saccades analogues à celles de l'aiguille des montres à secondes ; ces rayons sont-ils interceptés par un nuage, les feuilles deviennent immobiles. Le *réséda luteola*, et presque toutes les fleurs semi-*flosculeuses* se tournent constamment du côté du soleil.

Enfin, tout le monde connaît le singulier phénomène qu'offre la sensitive (*Mimosa pudica*) : comme la femme nerveuse, elle exécute des mouvements très-remarquables (1).

(1) Il est prouvé que si l'on fait absorber une certaine quantité d'opium à la sensitive, elle perd sa sensibilité.

Les filaments des conferves (*Algues*) sont doués de certains mouvements spontanés : ils s'entrelacent et se rapprochent à certaines époques.

Les *Oscillaires*, plantes aquatiques, sont douées d'un mouvement perpétuel analogue au mouvement péristaltique du tube intestinal de l'homme.

La température atmosphérique agit vivement sur la constitution des végétaux ; un air trop froid les empêche de s'épanouir ; un air trop chaud les fane et les dessèche ; aussi, pendant les heures brûlantes du jour, voit-on beaucoup de fleurs pencher la tête et s'abriter sous les feuilles de la tige.

### FLEURS MÉTÉORIQUES.

L'état hygrométrique de l'air influe sur l'épanouissement de quelques fleurs ; c'est pour ce motif qu'elles ont été nommées *météoriques*. Parmi les fleurs qui annoncent la pluie plusieurs heures d'avance, on peut citer le Laitron de Sibérie (*Sonchus sibericus*), le Souci de la pluie *(Calendula pluvialis)*, les Chicorées *(Cichorium.....)*, etc.

### PLANTES CARNIVORES.

D'après les récentes découvertes de M. Planchon, on serait obligé d'admettre qu'il y a des plantes carnivores. (Voy. *Revue des Deux-Mondes*, t. 13e, 1er février 1876.)

La plante carnivore *(Drosera, etc.)* boirait largement, mais mangerait peu par ses racines : la nourriture azotée lui parviendrait par les feuilles comme un élément utile, sinon absolument indispensable à son développement normal.

La digestion proprement dite se ferait au moyen de glandes qui recouvrent la face supérieure des feuilles et sont à la fois sécrétaires et absorbantes. La liqueur visqueuse sécrétée par ces glandes serait analogue au suc gastrique des animaux et servirait d'appât pour prendre les insectes.

La nutrition chez les végétaux comporte bien des nuances ou des types différents. Il y a d'abord la forme la plus ordinaire, absorption de sève brute par les racines, élaboration de cette sève par les parties vertes aériennes ; puis viennent les végétaux dits *saprophytes* ou *humivores*, qui, nourris par un humus très-riche en matières organiques à demi-décomposées, n'ont qu'une respiration peu active et prennent souvent l'apparence de parasites dépourvus de chlorophylle ; ensuite viennent les divers degrés du parasitisme, où des sucs, élaborés par une nourrice étrangère, passent à peu près tout formés dans la plante qui les suce ; à ces groupes de plantes anomales dans leur nutrition, il faudra joindre désormais les *carnivores* caractérisées comme les *Drosera* et les *Pinguicula* ; puis un groupe encore mal défini qu'on pourrait nommer provisoirement des *putrivores*. On distinguerait ainsi ces dévoreuses de détritus animaux plus ou moins décomposés des vraies mangeuses de chair qui digèrent une proie(1). La *dionée* ou attrape-mouches serait le type de ces dernières.

J'admire le réseau fatal aux moucherons,
Qu'un insecte suspend autour de nos maisons ;
Mais le fil animé de l'agile araignée

(1) Darwin classe l'aldrovandie (*Aldrovanda vesiculosa* L.) parmi les plantes carnivores ; mais, comme cet auteur le suppose plutôt qu'il ne le prouve, on a lieu de refuser à ce végétal le mérite de se nourrir d'aliments gras, car M. Planchon a constaté que le degré, le mode et la nature de ses facultés d'absorption restent encore un problème plein d'incertitudes et de lacunes. Avis aux botanistes assez heureux pour avoir le loisir et l'occasion de scruter le mystère de la nutrition de cette nymphe des eaux.

Egala-t-il jamais l'art de la dionée ?
Sa feuille, en embuscade au milieu des marais,
Cache sous un miel pur la pointe de ses traits :
D'un perfide ressort elle est encore armée :
Soudain, au moindre tact de la mouche affamée,
La feuille se referme et l'insecte imprudent,
Percé des deux côtés, expire en bourdonnant.

LE RÉVEIL ET LE SOMMEIL.

L'absence ou la présence de la lumière règle, en général, l'activité ou le repos chez les plantes de même que chez les animaux. La plupart des végétaux veillent le jour et dorment la nuit ; c'est aux rayons vivifiants du soleil que les fleurs diurnes étalent leurs brillantes corolles et prodiguent leurs plus doux parfums ; mais il en est d'autres qui, plus timides, ne se montrent dans toute leur parure qu'au moment où le soleil penche à l'horizon. Quelques-unes attendent le crépuscule du soir ou les ombres de la nuit pour étaler leurs richesses. La *Nymphæa nelumbo* est une plante des plus curieuses. Contrairement aux fleurs de l'Horloge de Flore, qui s'ouvrent toujours à la même heure, la Nelumbo n'ouvre ses pétales qu'aux rayons de la lune, à qui seule elle envoie ses parfums.

Les fleurs se ferment ordinairement au soleil couchant pour garantir du froid et de l'humidité les organes de la fructification, et se rouvrent aux premiers rayons du soleil. Les plantes prennent différentes attitudes pendant leur sommeil : certaines espèces de *Draba* penchent la tête ; la Balsamine (*Impatiens balsamina*) semble se faner ; la *Sigesbeckia orientalis* et autres se replient ; les *Papilionacées* et les *Lomentacées* se ferment : le Tamarin (*Tamarindus indica* L.) se resserre sur lui-même et se lève exactement aux mêmes heures : lorsque le soir arrive, il ferme lentement sa corolle et se plonge au fond de l'eau pour y passer la nuit ; le lendemain, aux premières lueurs du jour, il reparaît sur la surface, épanouit ses pétales et se montre dans toute sa beauté.

LUTTES.

Les êtres du règne organique *(végétaux et animaux)* ont des luttes très-diverses à soutenir : l'homme lui-même doit défendre sa vie contre les plus infimes végétaux, l'*Oïdium albicans* (Champignon) notamment, dont la présence sur les muqueuses du larynx est connue sous le nom de muguet, affection souvent mortelle.

De même certains animaux livrent des combats aux végétaux, comme par exemple le *phylloxera*, ce destructeur impitoyable de la *vigne*, contre lequel ni lois, ni décrets, ni commissions, ni savants n'ont pu jusqu'ici triompher.

Il faut en conclure que la nature n'a point donné à l'homme la faculté de tout connaître ; mais qu'elle nous a seulement laissé entrevoir, comme une lueur divine, quelques-uns de ses secrets.

Les plantes ont des combats entre elles comme les animaux en ont entre eux ; mais la lutte la plus atroce parmi les êtres organisés est assurément celle que se font sans motif les hommes pour satisfaire leur ambition, leur orgueil, leurs passions ; pour tout dire, en un mot, la guerre est bien la plus abominable chose.

L'homme est le seul dans le règne organique qui semble abréger ses jours à plaisir ; par ses veilles, ses excès en tout genre, il fait plus contre son existence que tous ses autres ennemis réunis. (1).

(1) Ce qui distingue l'homme des autres êtres de la création visible c'est que sa nature est mixte. L'être matériel et l'être spirituel, qui constituent son individualité, sont en lutte incessante

## MALADIES DES VÉGÉTAUX.

Les végétaux, de même que les animaux, ont leurs maladies *sporadiques*, *épidémiques* et *endémiques* :

### 1° *Lésions externes.*

Les lésions externes proviennent le plus souvent de contusions, coupures, déchirures, branches arrachées, fractures, défoliations, etc. Les canaux sévifères étant lésés par ces accidents, il en résulte une perte par la plaie d'un liquide aqueux, glutineux, gommeux ou résineux. La guérison arrive ordinairement par une cicatrisation naturelle; mais quelquefois une ulcération succède à la plaie, provenant de la décomposition de la sève et de la chlorophylle.

### 2° *Mortification.*

Les tissus végétaux se gangrènent, se putréfient comme les tissus animaux; mais leur putréfaction n'a point la fétidité de ces derniers, à cause du peu d'azote qu'ils contiennent.

### 3° *Parasites.*

Les maladies produites par les cryptogames parasites sont nombreuses. — Les céréales sont sujettes au charbon, à la rouille, à la carie et à l'ergot de seigle; et beaucoup d'autres maladies qu'il serait trop long d'énumérer.

depuis son enfance jusqu'à sa mort. Que si la vie inférieure ou animale l'emporte et étouffe la vie supérieure ou spirituelle, c'en est fait, l'homme se dégrade au point de ne plus être classable même parmi les êtres les plus abjects de la création. De là ce mot de Sénèque qu'il n'est rien de meilleur ni de pire que l'homme.

Celle de la vigne, produite par le phylloxéra, est aujourd'hui la plus inquiétante pour l'homme (1).

### 4° *Débilité. — Etiolement.*

Cet état maladif des plantes est presque toujours occasionné par la privation d'eau, d'air, de lumière ou de sucs nutritifs.

La *jaunisse* est produite par la décomposition de la chlorophylle (ou sang chez les animaux).

L'*hydropisie* se développe ordinairement quand le végétal se trouve dans un sol trop humide pour sa constitution.

La *phthisie* est le dépérissement de la plante entière, produit ordinairement par l'absorption insuffisante des sucs nourriciers.

Comme les animaux, les végétaux peuvent être atteints d'*excroissances*, de *stérilité*, d'*avortement* et de *monstruosités*.

### MÉDECIN DES VÉGÉTAUX.

Le médecin des végétaux est la *nature* elle-même : ils souffrent patiemment en attendant que celle-ci leur apporte, sous la direction de Dieu, le remède qui leur convient. Cependant l'homme, par son intelligence, peut aider la nature dans quelques cas. Pour y arriver, il emploie principalement l'eau, soit pure, soit mélangée à des matières qui ont la propriété de nourrir ou de tonifier ces êtres. Les autres médicaments sont : le goudron, le fer, la chaux, le soufre, etc.

(1) Sur la question du phylloxéra, on consultera avec intérêt le savant rapport (175 pages) de M. Vimont, vice-président du comice agricole d'Epernay, présenté au nom de la *Commission internationale de viticulture*, organisée par la Société des agriculteurs de France, avec le concours du Ministre de l'agriculture et du commerce et des compagnies de chemins de fer, 1878.

## CONCLUSION.

De même que les sociétés humaines ont leurs souverains, leurs grands et leurs petits, la flore des mers et des vastes continents a, dans ses empires, royaumes et républiques, ses classes, ses familles, ses rois et ses sujets.

Les botanistes ont divisé les *Cryptogames cellulaires* en quatre classes (1). C'est dans cette voie que nous allons les suivre dans ce monde des infiniment petits, et on pourra remarquer que la vie de ces êtres ne manque pas d'analogies avec celle d'individus d'une organisation bien supérieure, à en juger par le tableau et les descriptions suivantes :

(1) D'après le système de classification proposé par Payer, il nous semble qu'il serait plus naturel de réunir tous les végétaux cellulaires en une seule classe, qu'on appellerait république ou royaume.

Il est évident que les nombreux systèmes qui se succèdent sont une preuve que les découvertes des botanistes ne progressent que par une voie empirique.

# CLASSIFICATION

DES

# CRYPTOGAMES CELLULAIRES

COMPARÉS A UNE NATION.

---

| | |
|---|---|
| Plantes à thalles, c'est-à-dire de formation uniforme, sans distinction d'axe et appendice. Ce qui les caractérise surtout, c'est une sorte de régime de liberté, qui leur permet de s'accroître indifféremment par toute leur périphérie. | **Amphigènes. A.** |
| Plantes à tiges et feuilles distinctes, croissant uniquement par le sommet, en qui se condense toute la vie, car elles ne grossissent pas graduellement. | **Acrogènes. B.** |

**Amphigènes** ou **Thallophytes.**

| | | |
|---|---|---|
| A. | 1° Plantes ne contenant point de chlorophylle, possédant en grande partie un principe vénéneux : | 1 **Champignons.** |
| | 2° Plantes contenant de la chlorophylle et n'ayant aucun principe vénéneux. | 2. **Algues.**<br>3. **Lichens.** |

**Acrogènes** ou **Cormophytes.**

| | | |
|---|---|---|
| B. | Plantes à tiges dressées, petites, mais robustes dans certains genres, simulant des plantes d'un ordre plus élevé, mais toujours dominées par une tête en qui se résume tout l'accroissement (1). | 1. **Muscinées** |

(1) Excepté quelques espèces qui n'ont qu'une expansion verte et foliacée sans tige.

*Premier Groupe.* — LICHENS ET ALGUES.

*Deuxième Groupe.* — CHAMPIGNONS ET MUSCINÉES.

Si l'on veut se donner la peine de faire un tableau de la Nation française, on arrivera aux classes correspondantes de ces deux groupes de plantes (1).

Les plantes du premier groupe, *Lichens* et *Algues*, sont pourvues, à des degrés divers, de principes généreux et conservateurs.

Les plantes du deuxième groupe, *Champignons* et *Muscinées*, comme on le verra plus loin, ont de nombreux points de contact et de similitude. Leurs couches nouvelles, qui se succèdent incessamment, offrent bien l'image exprimée par le sens littéral du mot révolution.

Sans chercher à mettre plus en lumière les analogies que nous venons de signaler dans cette classification, nous passons à la description des caractères généraux de chaque classe (2).

**Premier Groupe.**

1° LICHENS.

Les Lichens ont des formes et des fonctions différentes, qui permettent de les classer en trois catégories.

(1) Le lecteur pourra tirer les conclusions qu'il jugera convenable de la comparaison de ces deux catégories d'êtres si différents : mais ils semblent se rapprocher par des similitudes multiples et par des analogies incontestables.

(2) Pour la description des classes, au lieu de commencer par les Champignons, selon l'ordre tracé dans le tableau ci-joint, nous débuterons par les Lichens, en partant des deux groupes qui viennent d'être indiqués.

Ce qui distingue surtout ces plantes des autres végétaux, c'est que leurs grains de chlorophylle ont une enveloppe propre pour les protéger; or, cette substance, souvent comparée au sang, est le principe qui assure dans le règne organique les constitutions vigoureuses et durables.

Depuis quelque temps, on ne considérait plus les Lichens que comme des Algues associées aux Champignons; mais ces plantes ont protesté contre la mauvaise foi de ces propagateurs de théories nouvelles, en faisant reconnaître leur autonomie par des naturalistes plus éclairés (1).

Les Lichens vivent toujours au grand air et aiment la pleine lumière; malgré cela, leur allure modeste fait que beaucoup passent inaperçus. Leur nombre est cependant plus grand qu'on ne le suppose généralement : on ne l'apprécie qu'à de certains moments, quand les suaves parfums qu'ils exhalent les trahissent, ou que la nécessité oblige à les rechercher pour leurs vertus bienfaisantes (2).

Ils puisent directement dans l'air pur leurs éléments de vie, et n'empruntent jamais rien au sol qui les porte. Les Lichens ne descendent donc jamais au rôle de parasite, si souvent rempli par les Champignons ou les Mousses, qui les gaspillent à leur profit et s'emparent de richesses acquises. Les Lichens sont, au contraire, des producteurs et des restaurateurs par excellence. Les éléments qu'eux seuls peuvent extraire de l'atmosphère ont constitué, grâce à

(1) Voy. Brisson : *Examen critique de la théorie de Schwendener.* (Mémoires de la Société d'Agriculture, Commerce, Sciences et Arts du département de la Marne, année 1876-1877.)

(2) Les Lichens ne sont pas tous exempts de défauts; mais ils ne sont pas dangereux, attendu qu'ils ne renferment aucun principe vénéneux; quelques espèces du genre *Sticta* et *Stictina* répandent seulement une odeur particulière désagréable, qui s'exhale même des herbiers.

l'épargne accumulée dans la poussière des générations successives, le sol que nous voyons aujourd'hui aux lieux où leurs colonies se sont établies.

Ces colonies sont peut-être dispersées ou détruites, et leur ancien régime devenu un souvenir confus ou gros de préjugés ; sans elles cependant et les forces qu'elles ont concentrées, cette végétation moderne si variée et si absorbante n'aurait pu ni se manifester avec éclat ni progresser un seul instant.

Les lichens, souvent méconnus, ont encore des ennemis nombreux, avides de leurs dépouilles. Il est des jours où, contre leur existence, tout vraiment semble conjuré. Mais, inébranlablement attachés au siège de pierre, soutenus par les vertus de leur principe, ils résistent, protégeant encore ce qu'ils couvrent.

Quand la tourmente gronde sur eux, ils souffrent sous le souffle brûlant des révolutions atmosphériques ; leur vie semble un instant suspendue, et le passant indifférent, voyant leurs groupes épars au milieu des ruines amoncelées, peut les croire morts, bien morts et desséchés. Mais qu'une rosée rafraîchissante (précurseur de jours plus tranquilles) vienne à se répandre sur eux, ces prétendus morts se réveillent soudain ; la vie s'épanouit de nouveau, et, sous son influence bienfaisante, l'œuvre de restauration s'accomplit sans relâche, la pierre dénudée se revêt d'un sol riche, et sa stérilité transformée promet de nouvelles moissons ou de fleurs ou de fruits.

Les Lichens rendent encore à l'humanité des services précieux :

C'est aux Lichens, qu'après une crise péniblement traversée, l'homme haletant, oppressé, vient demander l'apaisement de ses douleurs et le baume adoucissant pour ses plaies ;

C'est à leurs principes amers et réparateurs que l'homme

affaibli, ruiné par l'influence malsaine d'un régime débilitant, doit sa convalescence et un jour sa santé vigoureuse nécessaire aux grandes entreprises.

En résumé, les lichens se montrent à nous comme des créateurs et des restaurateurs puissants, grâce à leur vertu généreuse et privilégiée.

Ils se recommandent à la reconnaissance des hommes par leurs principes adoucissants et réparateurs. L'apaisement et la force qu'ils procurent sont la conséquence de leur nature propre, la lichénine, d'une pureté inaltérable et d'un blanc éclatant.

Les Lichens sont d'un emploi facile, sans inconvénients et toujours utile ; leur vie est un long bienfait.

## 2° Algues.

Les Algues se montrent fort inférieures aux Lichens, avec qui elles conservent cependant une certaine parenté par le principe commun de la chlorophylle ou sang. Mais comme la vertu de ce principe, paralysée par les éléments divers d'une constitution inférieure, se montre amoindrie ! La lumière directe est trop forte pour elles ; il la faut tamisée et obscurcie. L'air pur et vif les dessèche et les tue ; l'atmosphère lourde et humide leur est nécessaire ; encore ne peut-elle leur suffire qu'accidentellement. Leur destination est d'être submergées ; elles sont amphibies ou aquatiques.

Les Algues affectent certains airs de constance en se cramponnant aux rochers ou à d'autres corps, et leur constitution, qui leur permet d'être souples et de se plier facilement, leur donne la prétention de se livrer sans danger aux évolutions des courants. Mais l'illusion n'est pas de longue durée, et le moindre vent, qui d'aventure fait rider la surface de l'eau, nous rend témoins de leurs fluctuations. Elles se laissent aller mollement aux flots qui les bercent et paraissent leur être soumis.

Tout leur semble zéphir.

Mais quand une vague soudaine rompt leur attache incertaine, elle les roule dans son écume et les rejette sur les Mousses vertes du rivage, où elles expirent.

Les Algues se présentent à l'observateur sous les formes les plus diverses. Tantôt basses et trapues, elles s'étalent en tout sens et semblent devoir tout couvrir; d'autres fois, ce sont d'élégantes ramures ou frondes délicates et élégamment sinuées. Il y en a qui s'élèvent à la surface des flots au moyen de petites vessies pleines d'air : d'autres ont de larges feuilles en éventails, criblées de trous, à travers lesquels l'eau passe comme dans un tamis.

La mobilité de ces plantes est telle qu'elle leur survit, car, desséchées, elles subissent encore les variations de la température, et produisent quelques manifestations vitales par une nouvelle imbibition d'eau (1).

Parmi les Algues marines qui avoisinent les côtes, il s'en trouve beaucoup qui fournissent un aliment agréable; d'autres servent à l'industrie : en lavant la cendre de certaines, on se procure la soude, qui forme la base du savon. Le Goëmon (*Fucus*) donne l'iode, substance employée en médecine, et d'une très-grande utilité dans les arts. Les Algues rendent également des services dans l'agriculture, comme engrais. Elles fournissent des couleurs qui peignent bien les habitudes flottantes (inconstantes) de ces plantes. Elles sont rarement vives et pures; elles représentent le blanc, le rouge, le bleuâtre ou le vert.

(1) Cette apparente reviviscence se retrouve chez les phanérogames, chez la rose de Jéricho (*Anastatica hierachuntica*). Il suffit de mettre dans l'eau un rameau fleuri de cette plante pour faire épanouir ses fleurs, resserrées et desséchées depuis même des années. La rose de Jéricho habite l'Algérie.

Ajoutons cependant que les Algues ne sont point des parasites; la lumière qui leur est nécessaire leur permet de puiser dans l'eau souvent troublée, au milieu de laquelle elles se meuvent, les éléments de leur vie.

Elles offrent encore au savant un grand intérêt : elles peuvent lui fournir, dans leur distribution hydrographique, des lumières propres à éclairer l'histoire des parties inondées du globe.

Enfin, ce sont elles qui annoncent en général aux navigateurs égarés dans l'immense étendue de l'Océan l'approche de cette terre tant désirée.

## Deuxième Groupe.

### 1° CHAMPIGNONS.

La classe des Champignons est devenue de nos jours la portion de la cryptogamie qui offre peut-être le plus d'attrait à l'observation; aussi ces végétaux sont-ils étudiés partout par les mycologues avec zèle et même avec passion.

Dans leur ensemble, les Champignons sont très-distincts des autres classes; mais sur certains points les limites sont indécises. Un groupe de Champignons bien connu aujourd'hui a des relations très-intimes avec les algues; aussi plusieurs naturalistes ont fait de ce groupe une division intermédiaire entre les Algues et les Champignons.

Quelques cryptogamistes ont émis l'opinion que les Champignons offrent une tendance à la spécialisation qui leur assigne dans les végétaux un rang plus élevé qu'aux Algues. Il ne paraît pas que, dans l'état présent de la science, cette opinion puisse se soutenir.

Les Champignons ont un mode d'existence qui semble se rapprocher de celui des animaux; mais ce n'est qu'en apparence. Ce qui les distingue surtout des autres plantes et les met au degré le plus inférieur de l'échelle végétale, c'est l'absence de chlorophylle.

Ces innombrables végétaux, réduits la plupart à de très-faibles dimensions, jouent dans l'ordre de la nature un rôle important et en général destructeur. Ils vivent dans les conditions les plus opposées et dans les lieux les plus divers ; une partie, reléguée le plus souvent dans l'ombre, n'en sort qu'à de rares occasions, vit sans lumière ou y arrive par un bouleversement, soulevant le seuil des monuments ou les pavés des villes avec une force dont l'action, plusieurs fois répétée et toujours imprévue, n'a pu, malgré les précautions prises, être ni mesurée ni empêchée. A ceux qui douteraient de la puissance d'action souterraine d'êtres si inférieurs, nous conseillons de lire les *Eléments de Physiologie* du docteur Charpentier ; ils trouveront entre autres faits qu'une dalle de Basingstoke (Angl.), pesant 83 livres, a été soulevée et jetée hors de son lit par une masse de Roodstools (*Agarics* de 6 à 7 pouces de diamètre). Le même auteur ajoute que presque tout le pavé de la ville subit un déplacement pour la même cause.

Parmi ces êtres, il en est d'autres non moins curieux à observer. Quelques Clavaires (*Clavaria*...) lancent au loin des jets paraboliques d'une poussière fine et jaunâtre. Et les Champignons dits *mortiers* font voir ce qu'ils ont dans leurs têtes : pendant les temps d'orage et de brouillard (pluie), ils lancent avec bruit de petites balles semblables à des grains de chenevis (1).

Les Champignons pullulent avec une telle facilité qu'on a pu croire à leur génération spontanée.

La rapidité de leur croissance est devenue proverbiale, et pousser comme un champignon forme le digne pendant de cet autre aphorisme : la mauvaise herbe croît toujours. S'ils poussent vite, ils passent de même ; la durée de leur

(1) Voy. Debay : *Les Parfums et les Fleurs*, 3e édition.

passage est éphémère ; pour eux, les heures sont des saisons et les jours des années. A l'avènement des nouvelles couches, les anciens sont déjà flétris et les Champignons de la veille supplantés par ceux du lendemain. Des milliers vivent en parasites, et ils ne respectent pas plus les œuvres de la nature que celles des hommes (1). Les êtres que les Champignons attaquent appartiennent souvent aux classes les plus élevées ; ils s'attachent comme à l'envi à ces princes de l'organisation végétale, qu'ils dévorent.

Les Champignons ont des couleurs variées, souvent brillantes, mais peu solides ; il suffira de nommer les rouges, les bleus, qui ont pour intermédiaire le rose et le violet, puis le blanc et le noir. Certaines espèces rendent des services à l'industrie et aux arts ; l'amadou, dont tout le monde connaît l'usage, est tiré des *Bolets amadouviers*, et le *Dolthidea tinctoria* donne aux arts une belle couleur verte, très-solide, etc. Quelques espèces passent pour avoir des propriétés médicales : l'*ergot de seigle* est très-employé, etc.

Une grande partie de ces plantes renferment un principe vénéneux, tandis que d'autres, au contraire, peuvent être employées comme aliment en temps de disette (2). Disons cependant que quelques-uns ont une saveur et un goût recherché des gourmets : on peut citer en première ligne les *Truffes*, l'*Orange vraie*, l'*Agaric rougeâtre*, l'*Agaric*

(1) A la fin du dernier siècle, une quantité de *dematium* ont détruit un vaisseau français, *le Foudroyant*, de 80 canons. En Angleterre, la frégate *Reine-Charlotte* a subi le même sort.

(2) Pline a fait la remarque que les Champignons (*fungus*) étant spongieux et poreux attirent aisément toute l'infection qui est autour d'eux, et le venin des serpents qui peuvent s'y trouver. Ainsi, d'après cet auteur, les bons Champignons peuvent devenir dangereux.

*ovoïde*, le *Mousseron de printemps*, le *Mousseron d'automne*, l'*Agaric albellus* DC., l'*Agaric prunulus*, Scop., etc.

Leur recherche et leur emploi sont le fruit d'une civilisation avancée, plus futile que raisonnée, et en quête de sensations plus nouvelles que saines et fortifiantes ; aussi ont-ils toujours été condamnés, tant par l'aversion instinctive qu'on éprouve en général pour eux, que par les préceptes des hommes expérimentés. Mais le pis, c'est cette difficulté d'établir une ligne de démarcation bien tranchée entre les bons et les mauvais, c'est-à-dire entre ceux qui sont comestibles et ceux qui renferment un principe mortel. Cette considération ne suffirait-elle pas à en proscrire tout-à-fait l'usage ? S'il était impossible de s'y soustraire, le seul moyen de paralyser leur principe vénéneux serait l'emploi du principe amer et du sel ioduré renfermé dans des proportions diverses dans les Lichens et les Algues.

Voici la recette :

Faire macérer les Champignons dans une eau qui contiendra en quantité suffisante des principes iodés et autres que fournissent les Algues (1) ; puis faire passer ensuite dans une deuxième eau, qui agira par le principe amer qu'on aura obtenu par l'infusion des Lichens.

## 2° MUSCINÉES.

Cette classe comprend les *Hépatiques* et les *Mousses*. Les Hépatiques forment en quelque sorte la transition des

(1) Le fucus frais contient 0,25 de substance solide :
1° Chaux unie à différents acides ;
2° Chlorure de sodium et de potassium ;
3° Sulfate de potasse ;
4° Iodure de brôme, de potassium et de magnésium
5° Soufre ;
6° Silice.

*Amphigènes* aux *Acrogènes*, en ce que certaines espèces de ces plantes (genre *Marchantia*, *Anthoceros*, *Pellia*) n'ont qu'une expansion verte et foliacée, sans tige ; tandis que les autres espèces ont un port analogue à celui des Mousses.

### MOUSSES.

Les Mousses croissent abondamment dans les contrées où le sol est chargé d'humidité, et souvent dans une atmosphère malsaine (*Sphagnum*). La plupart possèdent une tige, des racines et des feuilles bien caractérisées, et ressemblent à des plantes d'un ordre plus élevé. Malgré cette complication de formes, les Mousses restent toujours inférieures ; leur constitution est complètement cellulaire, et lors même que les feuilles de couronnement de l'édifice se montrent, elles ne sont point faites pour une libre respiration ; elles manquent de stomates.

Dans leur premier état beaucoup de jeunes Mousses ressemblent à des Algues ; c'est ce qui fait comprendre qu'à une époque où l'on n'avait point étudié la série des phases de leur vie, elles aient été prises pour d'autres êtres et classées dans des catégories très-éloignées. Mais c'est surtout avec les Champignons que les Mousses ont beaucoup d'analogie.

Considérées en masse, les Mousses se distinguent d'une manière tranchée par une livrée d'une verdure remarquable. Certaines ont leurs coiffes garnies de poils comme des panaches. Souvent basses et trapues, leurs tiges rampent sur le sol, s'y cramponnant par des racines adventives jetées de distance en distance, et servent à supporter et nourrir cette lourde tête en qui se concentre toute l'activité des Mousses, et par laquelle seulement elles croissent. Lorsqu'elles tombent sur une place fertile, elles l'envahissent rapidement, et, lutteurs énergiques, en chassent les premiers occupants ou les détruisent ; c'est ainsi qu'elles se substituent si souvent aux Lichens et plus rarement aux Algues, et que, dans les prairies, des groupes de Sphaignes détruisent les bonnes herbes et arrivent à former de vastes taches. Malgré tout, cette action envahissante si intense ne prépare pas un établissement de longue durée, et l'expression de mousses, se faire mousser ou valoir pour dissimuler un fonds peu solide ou trop faible, représente bien la réalité des choses. Certaines Mousses, par leur action prolongée, réalisent quelquefois de grandes entreprises et drainent les sols où elles s'établissent, en épuisant l'eau qu'ils renferment. Les Sphaignes transforment ainsi des marais en tourbières. Dans ces conditions, d'une végétation plantureuse dont ils profitent largement, leur constitution s'élargit, leur nature devient molle et flasque : la pourriture gagne la base et répand une odeur désagréable. La décomposition arrive vite. Sur les débris de cette richesse factice apparaissent de nouvelles tribus qui, profitant de ces détritus, croissent avec rapidité en grand nombre, puis, après une lutte plus ou moins longue, chassent les Sphaignes enivrés et épuisés par l'excès de leur végétation et les remplacent.

---

## RÉSUMÉ.

Les frappantes analogies que nous avons signalées dans ce travail suffisent pour confirmer la loi de solidarité qui relie tous les êtres vivants de la création. Ce problème paraît double, en ce sens qu'il y a une vie végétale et une vie animale : ce n'est là qu'une simple apparence. La physiologie générale nous enseigne que la vie est une et que les mêmes principes la régissent depuis ses manifestations les plus humbles jusqu'à son plus haut point d'épanouissement. Mais, pour bien comprendre cette solidarité, c'est aux origines qu'il faut remonter. La cellule de l'Algue, dans laquelle commence à se montrer la chlorophylle, nous semblerait être la véritable ébauche de l'organisation, le prodrome de la vie universelle, car cette cellule se retrouve sous différentes formes chez tous les végétaux et les animaux (1). Comme pour nous faire porter notre attention sur la chlorophylle, que l'on compare au sang, la nature a donné une couleur rouge sang au *Protococcus nivalis*, dont la cellule unique constitue sans contredit la plus simple des Algues, car elle mesure à peine un 300e de millimètre. (2).

Enfin, les fonctions des organes des plantes correspondent à celles des organes analogues chez les animaux. Les

(1) Cette cellule se retrouve chez le Lichen sous le nom de *gonidie* ; on retrouve également chez celui-ci l'organe végétatif et reproducteur du Champignon le plus parfait (*Ascomycète*). C'est donc à tort que les botanistes feraient des Lichens une classe intermédiaire entre les Champignons et les Algues ; puisqu'ils possèdent, avec le principe qui leur est propre, la *lichénine*, les cellules végétatives et reproductives de ces deux classes, c'est une preuve que la nature leur assigne une place supérieure.

C'est pour ces raisons que les Lichens ont été réunis ou séparés, au gré des différents classificateurs, soit aux Champignons, soit aux Algues. Et aujourd'hui certains auteurs, pour lesquels les gonidies sont des Algues, essaient encore de réunir les Lichens aux Champignons, en cherchant à démontrer, par une théorie séduisante, que les Lichens sont des parasites des Algues. Mais cette association n'est qu'une illusion produite par la structure anatomique du végétal, car les gonidies naissent des cellules végétatives et même reproductives du thalle du Lichen. (Voy. Brisson : *Examen critique de la théorie de Schwendener*, 1877 et supplément 1878.)

(2) Voyez l'appendice à la fin de l'ouvrage.

plantes, de même que les animaux, mangent, respirent, transpirent, se meuvent, veillent, dorment, sentent, aiment et souffrent. Qui oserait dire que tout cela ne soit que mécanique?

Toute l'existence de ces êtres différents du règne organique se retrouve dans le courant de la vie. Qui ne connaît la lutte des plantes et des animaux?

Les cryptogames cellulaires, que nous comparons à une nation (c'est-à-dire, à l'homme), en donnant la description par classe, nous révèlent des analogies incontestables, qui seront reconnues par tout homme de bon sens.

# APPENDICE.

Le champignon, par sa vie nomade et de ce qu'il est dépourvu de chlorophylle ou sang, semblerait n'être ni un vrai végétal ni un vrai animal. Comme animal, à la lumière comme dans l'obscurité, il absorbe l'oxygène de l'air et exhale de l'acide carbonique ; il consomme donc ainsi une partie de son carbone. Au lieu de fixer celui-ci par la réduction de l'acide carbonique de l'air, comme les autres plantes, il se l'approprie par l'absorption directe des dérivés immédiats des hydrocarbures, empruntés soit à des plantes vivantes, soit à des détritus organiques. Ce mode d'existence semble indiquer les affinités avec l'animal, affinités auxquelles s'ajoutent des traits de ressemblance dans la composition chimique. D'un autre côté, le champignon ressemble à la plante par la végétation, et surtout par la fructification, et ensuite parce que la locomotion lui manque.

Le champignon est donc autant animal que végétal ; mais malgré sa nature de parasite (1), il est difficile de le classer ailleurs qu'au-dessous de l'algue, qui est la véritable ébauche de la nature.

(1) Son état de parasite nous ferait plutôt croire qu'il a été créé après tous les êtres de l'Univers pour faire la balance dans la nature, surtout comme destructeur. Dans tous les cas, que le champignon ait été créé le premier ou le dernier de tous les êtres organisés, il ne tient pas moins le degré le plus inférieur de l'Arbre de l'Univers.

# TABLE DES MATIÈRES.

Châlons, imp. T. Martin

## DU MÊME AUTEUR :

1. Lichens du département de la Marne, 1875.
2. Supplément, 1876.

---

1. Examen critique de la théorie de Schwendener, 1877.
2. Supplément pour faire connaitre les nouvelles découvertes de Minks et Müller. (Communiqué à la Société d'Agriculture, Commerce, Sciences et Arts du département de la Marne, le 15 Décembre 1878.)

www.ingramcontent.com/pod-product-compliance
Lightning Source LLC
LaVergne TN
LVHW012012160826
845678LV00002B/799

* 9 7 8 2 3 2 9 6 6 2 6 9 5 *